NATURE DES CHIFFRES

Nature des chiffres

© R.S., 2021.

 • **Addition**

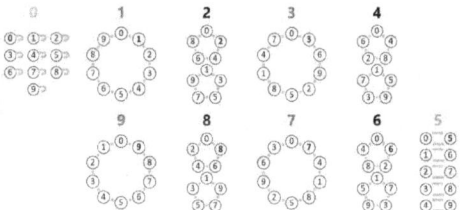

 • **Mutiplication**

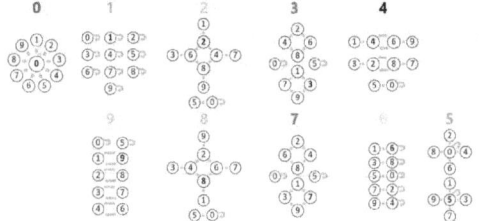

 • **Soustraction**

 • **Division**

Table des matières

1. Chiffrer 6
2. Addition : $a + n$ 7
3. Soustraction 9
   1. Soustrait : $a - n$ 10
   2. Est soustrait de : $n - a$ 11
4. Multiplication : $a \times n$ 12
5. Division 14
   1. Divise : $\frac{a}{n}$ 15
   2. Est divisé par : $\frac{n}{a}$ 16
6. Puissance 17
   1. Puissance : a^n 18
   2. A la puissance : n^a 19
7. Tétration 20
   1. Tétration : $n{\wedge}{\wedge}a$ 21
   2. A la tétration : $a{\wedge}{\wedge}n$ 22
8. Récapitulatif 23
9. Conclusion 25

"Les hommes sont comme les chiffres :
ils n'acquièrent de valeur que par leur position."
, Napoléon Bonaparte.

"Dieu créa toute chose par des chiffres, des poids et des mesures."
, Isaac Newton / Symétrie des plantes, 1998.

A Amélie et Victor.

© 2021, RS, Paris, France.

ISBN : 9798749666649

Tous droits de traduction, de reproduction et d'adaptation réservés pour tous pays.

Le Code de la propriété intellectuelle n'autorisant, aux termes de l'article L.122-5, 2° et 3° a), d'une part, que les "copies ou reproductions strictement réservées à l'usage privé du copiste et non destinées à une utilisation collective" et, d'autre part, que les analyses et les courtes citations dans un but d'exemple et d'illustration, "toute représentation ou reproduction intégrale ou partielle faite sans le consentement de l'auteur ou de ses ayants droit ou ayants cause est illicite" (art. L.122-4).
Cette représentation ou reproduction, par quelque procédé que ce soit, constituerait donc une contrefaçon sanctionnée par les articles L.335-2 et suivants du Code de la propriété intellectuelle.

1. Chiffrer

Nous utilisons tous usuellement les dix chiffres de la base 10 et aucun autre.

$$0, 1, 2, 3, 4, 5, 6, 7, 8, 9$$

Un nombre est composé de plusieurs chiffres alignés les uns derrière les autres.

$$49, 12\,340, 789\,876, 33\,299\,653, \dots$$

On leurs porte même parfois certaines significations comme le vide, l'élu(e)s de son cœur, la malchance, le diable, et tant d'autres.

$$0, 1, 13, 666, \dots$$

Nous faisons également appel à différentes opérations telles que l'addition, la soustraction, la multiplication, la division et bien d'autres encore plus complexes, pour calculer et résoudre des problèmes du plus simple au plus ardu.

Ces opérations sur les nombres, plus ou moins évoluées, existent d'ailleurs depuis des millénaires. Depuis l'illustre Gauss, le prince des mathématiques, le chiffre et lui seul permet des prouesses. Mais pas n'importe quel chiffre. Il s'agit du dernier chiffre d'un nombre : son unité.

$$4\mathbf{9}, 12\,34\mathbf{0}, 789\,87\mathbf{6}, 33\,299\,65\mathbf{3}, \dots$$

Ce chiffre terminal, l'unité d'un nombre, et son évolution selon les opérations utilisées fait l'objet de cet ouvrage. En effet, la nature des chiffres s'obtient au regards de ses schémas de variations sous l'application des opérations. Pour relever sa vraie nature, le chiffre doit muter.

2. Addition : $a + n$

L'addition de deux nombres est la première opération qu'on apprend enfants. Simple et intuitive, elle semble innée à nos sens. C'est la première étape du comptage.

Pour révéler la nature des chiffres à travers l'addition, nous additionnons successivement le chiffre de grande taille, nommé a, à chacun des dix chiffres, nommé n, de la base 10 en dessous. Le chiffre obtenu est fléché à partir du chiffre de départ. Par exemple :

$$Si\ a = 3\ et\ n = 4 \rightarrow 3 + 4 = 7 \rightarrow Le\ chiffre\ 4\ est\ fléché\ vers\ le\ chiffre\ 7.$$

Si l'opérations dépasse 9, on ne garde que l'unité du nombre obtenu. Plus précisément, l'opération effectuée est :

$$(a + n)\ mod(10)$$

Voici quelques exemples :

$$3 + 4 = 7 \equiv 7\ mod(10)$$

$$6 + 4 = 10 \equiv 0\ mod(10)$$

$$8 + 9 = 17 \equiv 7\ mod(10)$$

$$9 + 4 = 13 \equiv 3\ mod(10)$$

Voici donc le schéma de la nature des chiffres pour l'addition :

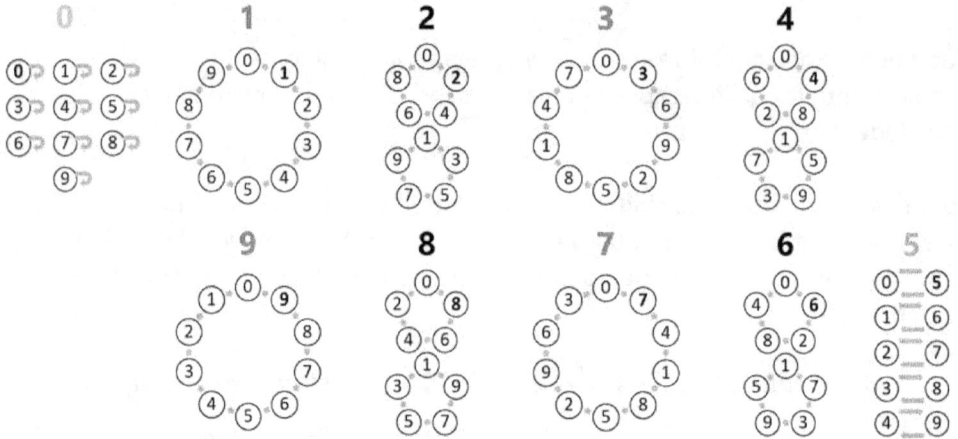

Merveilleux non ? Nous repérons des similitudes et de nombreuses symétries. Aviez-vous imaginé cela d'une simple addition entière ? Mais alors comment peut-on interpréter tout cela ? Tout d'abord, on observe que lorsque :

- $a = 0$: chaque nombre est isolé par l'élément neutre ;
- $a = 5$: cinq couples de parité alternée sont isolés pour l'élément milieu ;
- $a = \{1, 3, 7, 9\}$: un cercle alterne la parité pour les nombres impairs ;
- $a = \{2, 4, 6, 8\}$: deux cercles conservent la parité pour les nombres pairs.

On dirait que les chiffres, ou tous les nombres modulo 10, appliqués à l'addition dansent avec une régularité et une symétrie incroyable. La parité est ici clé. L'élément neutre de l'addition, le zéro, est bien démarqué des autres. Et le chiffre milieu, le cinq, joue un rôle tremplin entre les parités. Une certaine harmonie se dégage de cette représentation. L'addition est belle et simple et cela se voit.

3. Soustraction

Faisons de même avec la soustraction. Ici, nous soustrayons successivement le chiffre de grande taille, nommé a, à chacun des dix chiffres, nommé n, de la base 10 en dessous. Le chiffre obtenu est fléché à partir du chiffre de départ. Par exemple :

$$Si\ a = 4\ et\ n = 3 \rightarrow 4 - 3 = 1 \rightarrow Le\ chiffre\ 3\ est\ fléché\ vers\ le\ chiffre\ 1.$$

Si l'opérations est inférieure à 0, le chiffre n'a pas de successeur. Plus précisément, l'opération effectuée est :

$$\begin{cases} Si\ (a - n) \geq 0 \rightarrow (a - n) \\ Si\ (a - n) < 0 \rightarrow pas\ de\ successeur \end{cases}$$

Par exemple :

$$Si\ a = 3\ et\ n = 4 \rightarrow 3 - 4 = -1 \rightarrow Le\ chiffre\ 4\ appliqué\ à\ 3\ n'a\ pas\ de\ successeur.$$

De plus, il y a deux cas à traiter dû à la non-associativité de la soustraction : $a - n$ et $n - a$.

NATURE DES CHIFFRES

1. Soustrait : $a - n$

Voici le schéma de la nature des chiffres pour cette soustraction :

```
    0               1               2               3               4
 ⓪⇨①           ⓪ ①           ⓪ ②           ⓪ ③           ⓪ ④
 ② ③           ② ③           ①⇨③           ① ②           ① ③
 ④ ⑤           ④ ⑤           ④ ⑤           ④ ⑤           ②⇨⑤
 ⑥ ⑦           ⑥ ⑦           ⑥ ⑦           ⑥ ⑦           ⑥ ⑦
 ⑧ ⑨           ⑧ ⑨           ⑧ ⑨           ⑧ ⑨           ⑧ ⑨

    9               8               7               6               5
 ⓪ ⑨           ⓪ ⑧           ⓪ ⑦           ⓪ ⑥           ⓪ ⑤
 ① ⑧           ① ⑦           ① ⑥           ① ⑤           ① ④
 ② ⑦           ② ⑥           ② ⑤           ② ④           ② ③
 ③ ⑥           ③ ⑤           ③ ④           ③⇨⑦           ⑥ ⑦
 ④ ⑤           ④⇨⑨           ⑧ ⑨           ⑧ ⑨           ⑧ ⑨
```

On observe :

- Aucun à cinq couples ;
- Aucun à un seul isolé ;
- Aucun à neuf sans successeur.

La soustraction est un prolongement de l'addition avec une valeur négative à additionner. Mais lorsque la valeur calculée est négative, on ne prend pas le complément à 10 ou modulo 10 puisque cette valeur n'est pas une valeur entière positive. Il s'agit donc d'un autre ensemble qui est hors du scope ici présenté.

On n'observe ici ni surprise ni de forme particulière. En fait, il s'agit de la même forme répétées avec plus ou moins de successeur de chiffres.

2. Est soustrait de : $n - a$

Voici le schéma de la nature des chiffres pour cette soustraction :

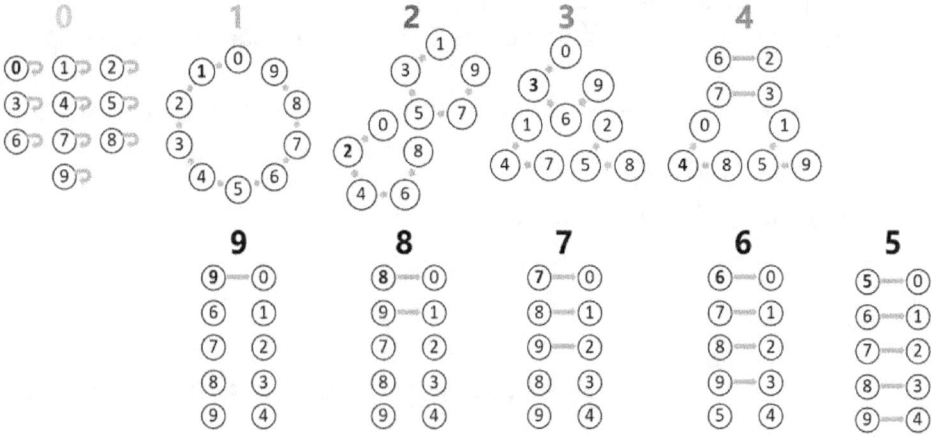

On observe :

- $a = 0$: un isolé ;
- $a = 1$: un circulaire ;
- $a = 2$: un double circulaire ;
- $a = 3$: un double triple + un quadruple ;
- $a = 4$: un double triple + deux couples ;
- $a = \{5, 6, 7, 8, 9\}$: Un à cinq couples.

Là encore, la soustraction est un prolongement de l'addition avec une valeur négative à additionner. Mais lorsque la valeur calculée est négative, on ne prend pas le complément à 10 ou modulo 10 puisque cette valeur n'est pas une valeur entière positive. Il s'agit donc d'un autre ensemble qui est hors du scope ici présenté.

Il est remarquable qu'à partir de du chiffre 5 à 9, on ait uniquement des couples unidirectionnels. Du chiffre 1 à 5, on a l'impression que le cycle du chiffre 1 se subdivise peu à peu en cinq couples. Le chiffre 0 représente à l'évidence l'élément neutre en isolant chaque chiffre.

4. Multiplication : $a \times n$

Attelons-nous maintenant à la multiplication. Nous multiplions successivement le chiffre de grande taille, nommé a, à chacun des dix chiffres, nommé n, de la base 10 en dessous. Le chiffre obtenu est fléché à partir du chiffre de départ. Par exemple :

$$Si\ a = 4\ et\ n = 3 \rightarrow 4 \times 3 = 12 \equiv 2\ mod(10) \rightarrow Le\ chiffre\ 3\ est\ fléché\ vers\ le\ 2.$$

Si l'opérations est supérieure à 9, on prend le complément à 10 du nombre obtenu. Plus précisément, l'opération effectuée est :

$$(a \times n)\ mod(10)$$

Par exemple :

$$Si\ a = 3\ et\ n = 4 \rightarrow 3 \times 4 = 12\ mod(10) = 2 \rightarrow Le\ chiffre\ 4\ est\ fléché\ vers\ 2.$$

Comme l'addition, la multiplication est associative. Il n'y a donc qu'un seul cas à traiter. Voici donc le schéma de la nature des chiffres pour la multiplication :

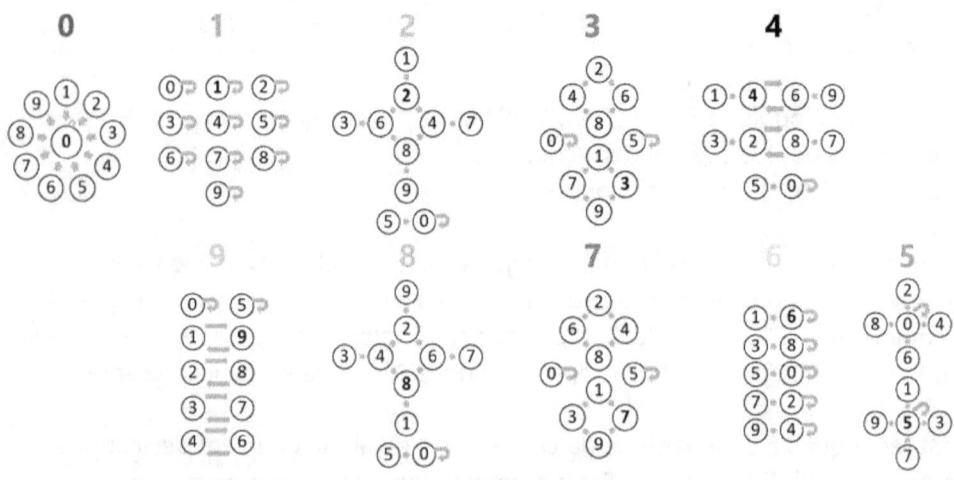

On observe là encore plusieurs symétries intéressantes et surprenantes :

- $a = 0$: attracteur de tous les chiffres (lui-même inclus) ;
- $a = 1$: élément neutre causant l'isolement de tous les chiffres (lui-même inclus) ;
- $a = \{2, 8\}$: un cercle des pairs, attracteur des impairs + zéro attracteur de cinq et de lui-même ;
- $a = \{3, 7\}$: un cercle des pairs et un cercle des impairs + zéro et cinq isolés ;
- $a = 4$: deux couples de pairs attracteurs des impairs + zéro attracteur de cinq et de lui-même ;
- $a = 5$: zéro attracteur des pairs et cinq attracteur des impairs ;
- $a = 6$: chaque pair attracteur d'un impair ;
- $a = 9$: quatre couples de même parité + zéro et cinq isolés.

Là aussi, nous retrouvons des formes communes à plusieurs chiffres. Que les chiffres 2 et 8, tout deux pairs, aient des points communs dans la multiplication n'est pas une grande surprise. Mais que les chiffres 3 et 7 aient la même forme est tout à fait stupéfiant. Il y a surement ici un message déchiffrer.

5. Division

Voyons comment se présente la division. Nous divisons successivement le chiffre de grande taille, nommé a, à chacun des dix chiffres, nommé n, de la base 10 en dessous. Le chiffre obtenu est fléché à partir du chiffre de départ. Par exemple :

$$Si\ a = 8\ et\ n = 4 \rightarrow \frac{8}{4} = 2 \rightarrow Le\ chiffre\ 4\ est\ fléché\ vers\ le\ chiffre\ 2.$$

Si l'opérations est non entière, le chiffre n'a pas de successeur. En effet, la division s'étend au-delà des nombres entiers à partir de nombres entiers. Plus précisément, l'opération effectuée est :

$$\begin{cases} Si\ a = 0\ et\ n \neq 0 \rightarrow \frac{a}{n} = 0 : le\ chiffre\ n\ est\ fléché\ vers\ le\ chiffre\ 0\ ; \\ Si\ a \geq n \neq 0\ et\ pgcd(a,n) = n \rightarrow \frac{a}{n} = \frac{kn}{n} = k : le\ chiffre\ n\ est\ fléché\ vers\ k\ ; \\ Sinon\ pas\ de\ successeur. \end{cases}$$

Le PGCD est le plus grand commun diviseur. Par exemple, avec 12 et 30 il vaut 6 puisque 12=<u>3x2</u>x2 et 30=<u>3x2</u>x5.

Dit autrement, il n'y a pas de successeur si a et n sont premiers entre eux. Par exemple :

$$Si\ a = 8\ et\ n = 2 \rightarrow \frac{8}{2} = 4\ et\ pgcd(8,2) = 2$$
$$\rightarrow Le\ chiffre\ 2\ est\ fléché\ vers\ le\ chiffre\ 4.$$

$$Si\ a = 3\ et\ n = 4 \rightarrow \frac{3}{4} = 0{,}75\ et\ pgcd(3,4) = 1$$
$$\rightarrow Le\ chiffre\ 4\ n'a\ pas\ de\ successeur\ entier.$$

De plus, comme la soustraction, la division est non-associative. Il y a donc deux cas à traiter.

NATURE DES CHIFFRES

R.S.
14/03/21

1. Divise : $\frac{a}{n}$

Voici le schéma de la nature des chiffres pour cette division :

On observe :

- $a = 0$: un attracteur (sauf le zéro sans successeur) ;
- $a = \{1, 2, 3, 4, 5, 6, 7, 8, 9\}$: aucun à deux couples + aucun à un seul isolé.

La division comporte beaucoup de chiffre sans successeur. Les nombres composés (4, 9, 8 et 6) ont des couples en plus. Les nombres premiers (2, 3, 5 et 7) ont une forme identique avec seulement deux liaisons : une vers lui-même et une vers le chiffre 1. En effet, la particularité des nombres premiers est qu'ils sont uniquement divisibles par 1 et eux même. On n'a pas de surprise ici.

2. Est divisé par : $\frac{n}{a}$

Voici le schéma de la nature des chiffres pour cette division :

0
(0) (1)
(2) (3)
(4) (5)
(6) (7)
(8) (9)

1
(0)⇨ (1)⇨ (2)⇨
(3)⇨ (4)⇨ (5)⇨
(6)⇨ (7)⇨ (8)⇨
(9)⇨

2
(6)—(3)
(0)⇨ (5)
(7)   (9)
   (1)
(2) (8)
   (4)

3
(6)—(2)
(0)⇨ (4)
(5)   (7)
(1)   (8)
(3)·(9)

4
(4)—(1)
(8)—(2)
(0)⇨ (3)
(5)   (6)
(7)   (9)

9
(9)—(1)
(0)⇨ (2)
(4)   (3)
(6)   (5)
(8)   (7)

8
(8)—(1)
(0)⇨ (2)
(4)   (3)
(6)   (5)
(9)   (7)

7
(7)—(1)
(0)⇨ (2)
(4)   (3)
(6)   (5)
(8)   (9)

6
(6)—(1)
(0)⇨ (2)
(4)   (3)
(5)   (7)
(8)   (9)

5
(5)—(1)
(0)⇨ (2)
(4)   (3)
(6)   (7)
(8)   (9)

On observe :

- $a = 0$: sans successeur ;
- $a = 1$: tous isolés ;
- $a = \{2, 3\}$: un couple + un isolé + un triple ou un quadruple ;
- $a = \{4, 5, 6, 7, 8, 9\}$: un ou deux couples + un isolé.

On retrouve l'élément neutre 1 qui isole les chiffres. De 2 à 9, un ou deux couples résistent. Globalement, la division crée peu de lien et en laisse beaucoup sans successeur. Elle n'est pas significative car nous nous restreignons volontairement dans l'ensemble des entiers naturels positifs ou nuls.

6. Puissance

Regardons les effets de la puissance. Nous mettons successivement le chiffre de grande taille, nommé a, à la puissance de chacun des dix chiffres, nommé n, de la base 10 en dessous. Le chiffre obtenu est fléché à partir du chiffre de départ. Par exemple :

$$Si\ a = 2\ et\ n = 3 \rightarrow 3^2 = 9 \rightarrow Le\ chiffre\ 4\ est\ fléché\ vers\ le\ chiffre\ 9.$$

Si l'opérations dépasse 9, on ne garde que l'unité du nombre calculé. Plus précisément, on prend la valeur modulo 10 ou complément à 10. Plus précisément, on calcule :

$$a^n\ mod(10)$$

Par exemple :

$$Si\ a = 8\ et\ n = 4 \rightarrow 8^4 = 4\ 096 \equiv 6\ mod(10) \rightarrow Le\ chiffre\ 4\ est\ fléché\ vers\ le\ 6.$$

De plus, comme la soustraction, la puissance est non-associative. Il y a donc deux cas à traiter.

1. Puissance : a^n

Voici le schéma de la nature des chiffres pour cette puissance :

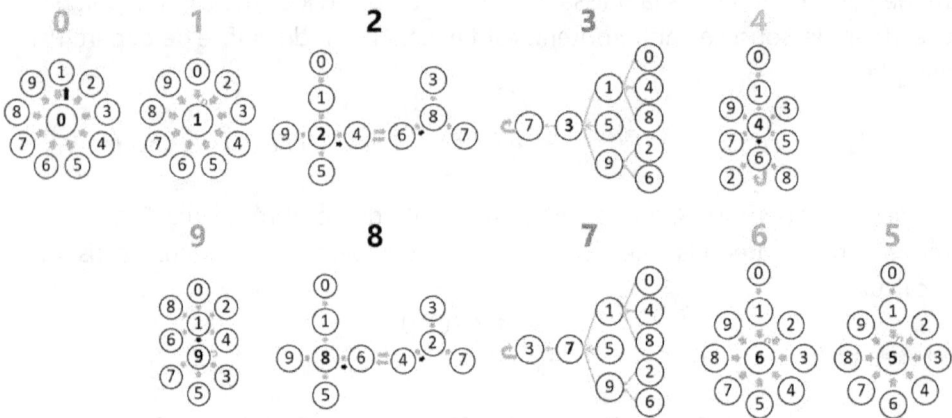

On observe :

- $a = \{0, 1, 5, 6\}$: un attracteur (sauf le zéro pour lui-même) ;
- $a = \{2, 8\}$: deux attracteurs avec liaison en étoile ;
- $a = \{4, 9\}$: deux attracteurs avec liaison en étoile ;
- $a = \{3, 7\}$: un hiérarchique.

Incroyable, les chiffres 0, 1, 5 et 6 ont tous la même forme sous l'opération d'élévation à la puissance. Comment l'expliquer ? Pour les chiffres 0 et 1, leur attraction de tous les chiffres est évidente. Mais les chiffres 5 et 6 sont plus étonnant. Le chiffre 5 s'explique relativement bien avec un peu de réflexion. Le chiffre 6 reste mystérieux, une belle découverte.

Les chiffres 3 et 7, dit hiérarchiques sous la puissance, recèle de curiosité. Et que dire des chiffres 2 et 8 qui justement convergent vers 2 et 8.

2. A la puissance : n^a

Voici le schéma de la nature des chiffres pour cette puissance :

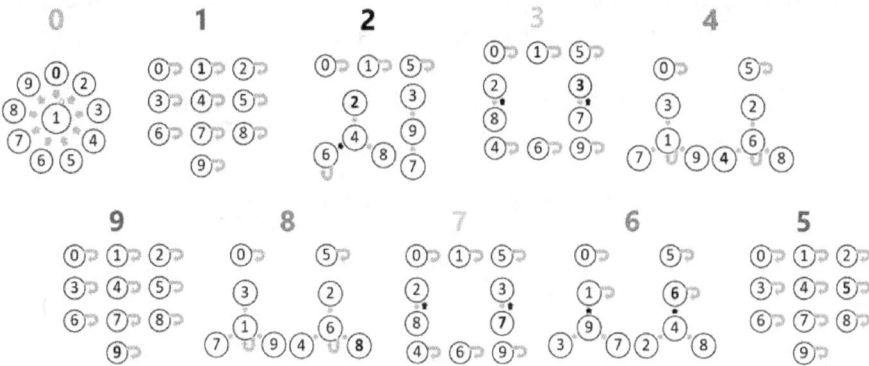

On observe :

- $a = 0$: un attracteur ;
- $a = \{1, 5, 9\}$: isolement ;
- $a = \{4, 6, 8\}$: deux attracteurs + zéro et cinq isolés ;
- $a = \{3, 7\}$: deux paires + isolement ;
- $a = 2$: deux attracteurs + zéro, un et cinq isolés.

Merveilleux, les chiffres 4, 6 et 8 (et 2 en partie) ont une forme équivalente. Quant aux chiffres 1, 5 et 9, ils isolent chaque chiffre les uns des autres. Enfin, les chiffres 3 et 7 composent avec un mixte des deux formes précédentes. Tout cela est fascinant.

7. Tétration

Enfin, étudions la tétration. Il s'agit de la quatrième opération lorsqu'on passe de l'addition à la multiplication, de la multiplication à la puissance, et enfin de la puissance à la tétration. Voici ces quatre opérations :

$$1.\ Addition : a + n = a + \underbrace{1 + 1 + \cdots + 1}_{n\ fois}$$

$$2.\ Multiplication : a \times n = \underbrace{a + a + \cdots + a}_{n\ fois}$$

$$3.\ Puissance : a^n = \underbrace{a \times a \times \ldots \times a}_{n\ fois}$$

$$4.\ Tétration : {}^{n}a = \underbrace{a^{a^{\cdot^{\cdot^{\cdot^{a}}}}}}_{n\ fois}$$

Nous mettons successivement le chiffre de grande taille, nommé a, à la tétration de chacun des dix chiffres, nommé n, de la base 10 en dessous. Le chiffre obtenu est fléché à partir du chiffre de départ. Par exemple :

$$Si\ a = 2\ et\ n = 2 \rightarrow {}^{2}2 = 2^2 = 4 \rightarrow Le\ chiffre\ 2\ est\ fléché\ vers\ le\ chiffre\ 4.$$

Si l'opérations dépasse 9, on ne garde que l'unité du nombre calculé. Plus précisément, on prend la valeur modulo 10 ou complément à 10. Soit :

$$^{n}a\ mod(10)$$

Par exemple :

$$Si\ a = 3\ et\ n = 3 \rightarrow {}^{3}3 = 3^{3^3} = 7\ 625\ 597\ 484\ 987 \equiv 7\ mod(10)$$
$$\rightarrow Le\ chiffre\ 3\ est\ fléché\ vers\ le\ chiffre\ 7.$$

De plus, comme la soustraction, la tétration est non-associative. Il y a donc deux cas à traiter.

1. Tétration : $^n a$

Voici le schéma de la nature des chiffres pour cette tétration :

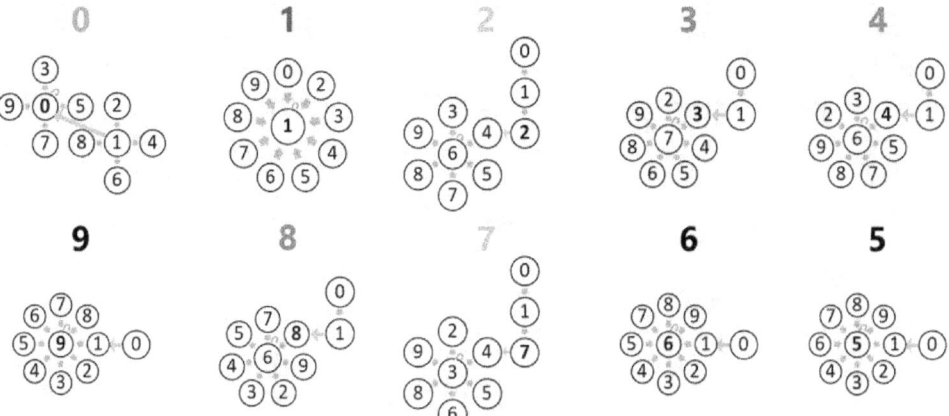

On observe :

- $a = 0$: deux attracteurs ;
- $a = 1$: un attracteur ;
- $a = \{2, 7\}$: un attracteur avec une branche longue ;
- $a = \{3, 4, 8\}$: un attracteur avec une branche ;
- $a = \{5, 6, 9\}$: un attracteur avec une branche courte.

La surprise est à son comble. La tétration simplifie les forment et les concentrent en majorité en attracteurs. Si bien que la plupart des chiffres convergent vers le même. C'est un résultat plutôt contre intuitif quand on observe les grandeurs des nombres calculés pour cette opération. Rien ne présage que les unités soient si souvent équivalentes.

2. A la tétration : ^{a}n

Voici le schéma de la nature des chiffres pour cette tétration :

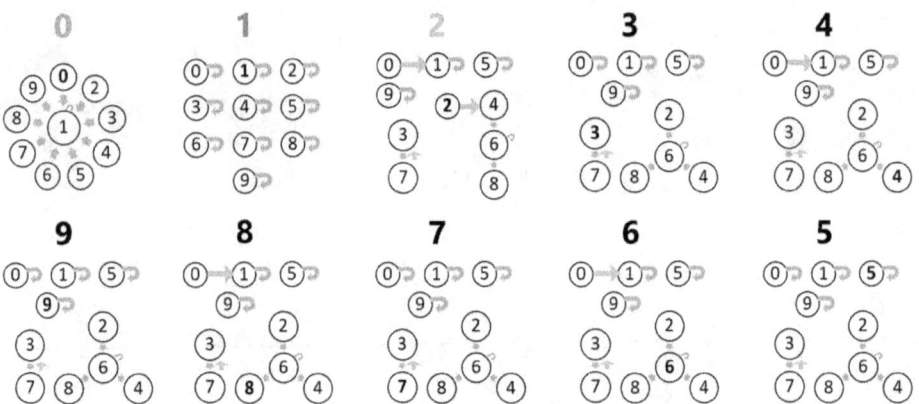

On observe :

- $a = 0$: un attracteur ;
- $a = 1$: isolement ;
- $a = 2$: un attracteur avec branche courte + un couple + quatre isolés ;
- $a = \{3, 4, 5, 6, 7, 8, 9\}$: un attracteur + un couple + quatre isolés.

On atteint ici une propriété insoupçonnée. La tétration se simplifie en une seule et identique forme pour sept chiffres sur dix. De plus, la forme du chiffre deux est quasiment la même. Qui plus est, la tétration engendre des nombres très vite gigantesques. Et pourtant, l'unité de ces nombres calculés peut être à priori simplement trouvée. C'est une formidable pépite mathématique.

8. Récapitulatif

Nous avons observé la danse des chiffres appliqués à plusieurs opérations courantes. Voici un récapitulatifs complet de tous ces représentations pleines de mystère.

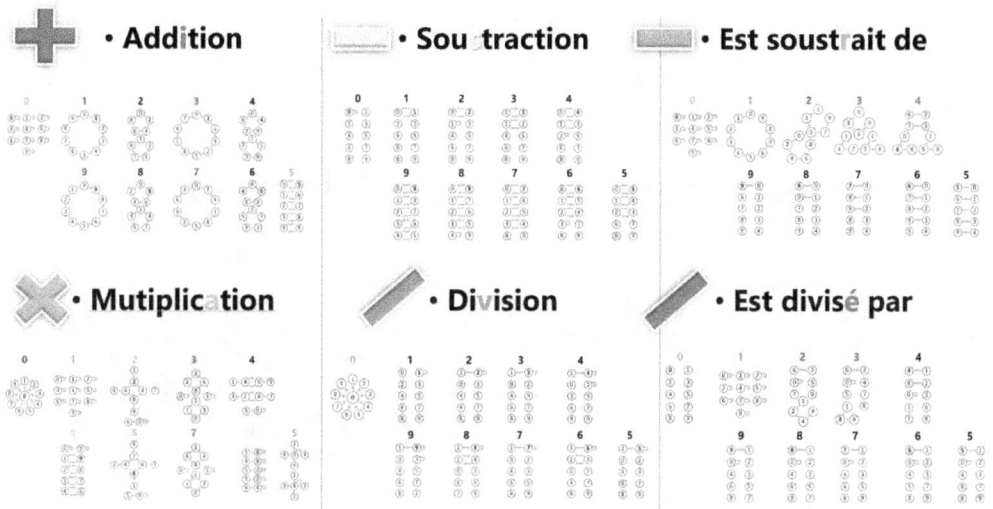

NATURE DES CHIFFRES

 • **Puissance**

 • **A la puissance**

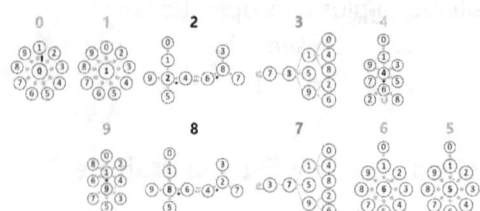

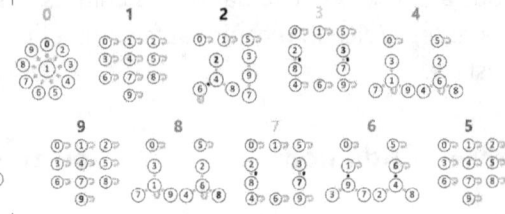

 • **Tétration**

 • **A la tétration**

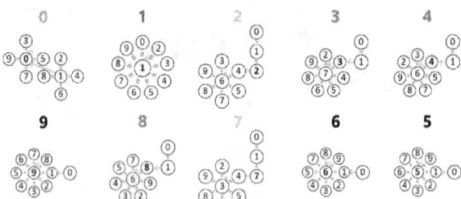

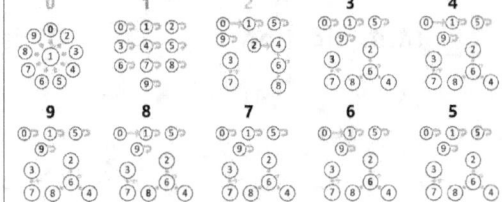

9. Conclusion

Quelle est la nature des chiffres que nous utilisons quotidiennement sans même nous en rendre compte ? A travers six opérations courantes, la nature des chiffres a été enfin ici révélée. Des formes géométriques surprenantes et parfois répétées se dégagent peu à peu de ses opérations.

Les chiffres, découverts il y a plus de deux millénaires, font avancer la science et la compréhension collective de tout l'environnement naturel qui nous entoure. Ce merveilleux voyage au royaume des chiffres nous rend humble.

En effet, nous avons présenté plusieurs formes et percevons des symétries, des relations et des propriétés encore inconnues ou mal comprises. Mais nous avons présenté ici leurs formes complètes. Nul de sait encore ce qu'elles pourront illustrer. Mais elles dissimulent certainement des secrets numérique, algébrique et arithmétique que nous découvrirons dans les années à venir.

Cela dit, une question complémentaire vient instantanément à l'esprit. Nous avons montré l'essence des chiffres appliqués aux opérations courantes de calcul. Mais que se passe-t-il si nous choisissions les mêmes opérations dans une autre base ? Et oui, la base 10 nous parait évidente de sens. Mais dans d'autres base, comme 60 ou 5, que se passe-t-il ? Comment les chiffres interagissent-ils ? Une base d'un chiffre ou nombre premier, contrairement à 10 (=2x5), serait à priori bien plus pratique et logique. Et peut-être qu'avec l'un d'entre eux, les formes des opérations appliquées à tous les chiffres ou nombres dans cette nouvelle base première nous montrerait des signes de cohérences, d'harmonies et surtout de compréhension globale de la danse des chiffres stimulés par une opération, un calcul.

La voie est ouverte. A vous de vous y engouffrer si le cœur vous en dit. Bon courage.

www.ingramcontent.com/pod-product-compliance
Lightning Source LLC
Chambersburg PA
CBHW050308220526
45465CB00002B/880